Bibliografische Information der Deutschen Nationalbibliothek:

Die Deutsche Bibliothek verzeichnet diese Publikation in der Deutschen National-bibliografie; detaillierte bibliografische Daten sind im Internet über http://dnb.d-nb.de/ abrufbar.

Impressum:

Copyright © 2016 GRIN Verlag, Open Publishing GmbH
Druck und Bindung: Books on Demand GmbH, Norderstedt Germany
ISBN: 9783668289178

Dieses Buch bei GRIN:

http://www.grin.com/de/e-book/338085/herzmuskelentzuendung-myokarditis-moegliche-ursachen-und-symptome

Andrea Apfelthaler

Herzmuskelentzündung-Myokarditis. Mögliche Ursachen und Symptome

GRIN Verlag

GRIN - Your knowledge has value

Der GRIN Verlag publiziert seit 1998 wissenschaftliche Arbeiten von Studenten, Hochschullehrern und anderen Akademikern als eBook und gedrucktes Buch. Die Verlagswebsite www.grin.com ist die ideale Plattform zur Veröffentlichung von Hausarbeiten, Abschlussarbeiten, wissenschaftlichen Aufsätzen, Dissertationen und Fachbüchern.

Besuchen Sie uns im Internet:

http://www.grin.com/

http://www.facebook.com/grincom

http://www.twitter.com/grin_com

Herzmuskelentzündung - Myokarditis:

Mögliche Ursachen und Symptome

Vorwissenschaftliche Arbeit verfasst von

BG/BRG Gmünd

9. Februar 2016

Abstract

Unser Herz hat jeden Tag unzählige Aufgaben und bewältigt diese ohne Pause. Allerdings kann auch unser stärkster Muskel eine Erkrankung erleiden. In dieser Arbeit wird die Entzündung des Myokards, unseres Herzmuskels – auch Herzmuskelentzündung oder Myokarditis genannt, näher gebracht. Um gutes Verständnis im Hauptteil zu gewährleisten, wird am Beginn dieser Arbeit die Frage, wie das Herz aufgebaut ist und welche Funktionen es übernimmt, geklärt.

Aufbauend auf den ersten Teil wird im folgenden Kapitel auf die Herzwand eingegangen und somit auf den Herzmuskel. Dieser Abschnitt der Arbeit soll die verschiedenen Formen einer Herzmuskelentzündung darlegen und sie ausführlich erklären. Des Weiteren wird versucht zu verdeutlichen, welche Ursachen und Symptome die verschiedenen Myokarditisformen haben können.

Die anschließenden Kapitel dieser Arbeit sollen einen Überblick über mögliche Therapie- und Diagnostikformen einer Herzmuskelentzündung liefern.

Im Anhang ist der empirische Teil angefügt. Ein Einblick in eine Sezierstunde eines Schweineherzens und das gesamte Interview mit einem Myokarditis-Patienten ist dort ersichtlich. Außerdem wird in vielen Abschnitten dieser Arbeit zur besseren Aufarbeitung des Themas direkt auf Aussagen aus dem Interview Bezug genommen.

Inhaltsverzeichnis

1 Einleitung

Wir arbeiten, betreiben Sport, gehen einkaufen, erholen uns, aber wir gehen geradezu nonchalant mit der Tatsache um, dass unser Herz Tag für Tag 24 Stunden „durcharbeitet" und nie ruht. Durch die ständig erbrachte Leistung kann unser Hohlmuskel allerdings auch erkranken. In meiner Arbeit beschränke ich mich auf die Herzmuskelentzündung, auch Myokarditis genannt. Um die komplizierteren Kapitel rund um die Erkrankung zu verstehen, wird im ersten Abschnitt dieser Arbeit die Frage geklärt, wie das Herz aufgebaut ist und welche Funktionen es übernimmt. Diese sollen in ihren Grundzügen erklärt werden. Auf diesem Kapitel baut die weitere Arbeit auf. Die wichtigste Literatur bildet hier das Werk „Der Körper des Menschen. Einführung in Bau und Funktion." von Adolf Faller und Michael Schünke (Faller, 2012).

Das zweite Kapitel, das Hauptkapitel, beschäftigt sich näher mit der Herzwand und geht anfangs näher auf das Myokard ein. Im Laufe des Kapitels werden die unterschiedlichsten Ursachen und Symptome einer Herzmuskelentzündung genannt und detailreich erklärt. In diesem Abschnitt war mir Ursus-Nikolaus Riede mit seinem Buch „Allgemeine und spezielle Pathologie" sehr hilfreich, denn hier beschreibt er äußerst ausführlich die vielen Arten einer Myokarditis. Aber auch diverse Webseiten waren für die Erarbeitung dieses Kapitels nützlich, um unverständliche medizinische Ausdrücke zu erklären.

Die nächsten beiden Kapitel sollen einen genaueren Einblick in die Therapie und Diagnostik geben. Es wird erläutert, welche Auswirkungen die Herzmuskelentzündung haben kann und wie man sie anschließend behandelt, beziehungsweise wie eine solche Krankheit festgestellt wird. In allen Teilen meiner Arbeit, aber besonders in diesem Kapitel, nehme ich Bezug auf das Interview mit Patient Herrn Jürgen Uitz, der mir seine gesamte Geschichte rund um seine Entzündung am Herzen offen dargelegt hat.

Zu guter Letzt findet man den empirischen Teil meiner Arbeit im Anhang. In diesem Abschnitt kann man das ganze Interview nachlesen und zusätzlich findet man einige Bilder zur Sezierung eines Schweineherzens, welche mir die Teile eines Herzens nähergebracht hat und nützlich für mein Grundwissen zur Erarbeitung dieses Themas war.

2   Das Herz

Unser Herz ist der Motor des Kreislaufes und es erfüllt seine Aufgaben bei einem gesunden Menschen nicht nur regelmäßig, sondern auch in einer unglaublichen Geschwindigkeit. Des Weiteren passt es sich ständig an unsere Leistungen, Gefühlen und Gedanken an. Aufgrund seiner herausragenden Fähigkeiten, wurde es im Laufe der Evolution zum Symbol der Liebe und des Lebens, aber auch zum Symbol der Ausdauer und des Durchhaltevermögens (vgl. Faller 2012, S. 206f.) (vgl. Grillparzer 2007, S. 182ff.).

2.1   Lage und Form

Umhüllt von dem Perikard, auch Herzbeutel genannt, liegt der ungefähr faustgroße Hohlmuskel zentral hinter dem Brustbein in einem Mediastinum, ebenfalls genannt Bindegewebsraum. Das Perikard ist dazu da, das Herz vor der Umgebung zu schützen. Ungefähr 10.000 Liter Blut pro Tag pumpt das etwa 350 Gramm schwere Hohlorgan durch den Körper. Allerdings kann sich bei Leistungssportlern das Herz auch auf eine Masse von bis zu 500 Gramm entwickeln. Wie schon erwähnt, passt es sich der erbrachten Leistung ständig an. Im Ruhezustand schlägt das Herz 60 - 100mal pro Minute. Ist man stattdessen etwas schneller unterwegs, steigert es sich auf 100-140 Schläge pro Minute und bei einem Sprint auf 180 Schläge pro Minute. Unser Lebensmotor gleicht einem abgerundeten Kegel, dessen Spitze nach links neigt (vgl. Grillparzer 2007, S.182ff.) (vgl. Faller 2012, S. 206 f.).

Unser Herz wird durch die Herzscheidewand, auch Septum interventriculare genannt, in zwei Teile „geteilt" (siehe Abbildung 1).

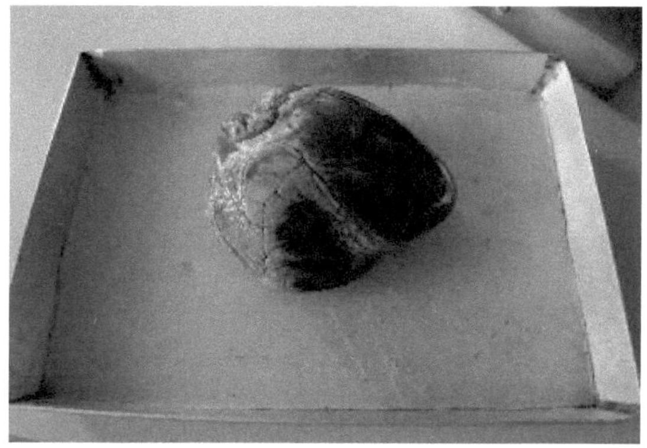

Abbildung 1: Schweineherz zur Veranschaulichung

Die rechte Herzhälfte ist für den Lungenkreislauf, die linke Herzhälfte für den Körperkreislauf zuständig. Es weisen beide Herzhälften eine Kammer beziehungsweise einen Ventrikel und einen Vorhof, auch Atrium genannt, auf. Betrachtet man das Herz von vorne, wird die „Vorderwand" des Herzens vorwiegend von dem rechten Ventrikel gebildet (siehe Abbildung 1 und 2). Die obere und untere Hohlvene, die sogenannte Vena cava superior und Vena cava inferior, enden im rechten Atrium, an welchem sich die rechte Kammer anschließt. Der vordere Teil der linken Herzkranzarterie, die auch Arteria coronaria sinistra genannt wird, zieht sich durch eine Vertiefung zwischen der linken Komponente des rechten Ventrikels und einem Bereich der linken Herzkammer. In einem sogenannten Aortenbogen erstreckt sich die Körperschlagader (Aorta), die aus dem linken Ventrikel entläuft, über den gemeinsamen Stamm der linken und rechten Arteria pulmonalis, welcher auch den Namen Truncus pumonalis trägt. Die Aorta zieht außerdem hinter dem Herzen weiter (vgl. Faller 2012, S. 208 f.).

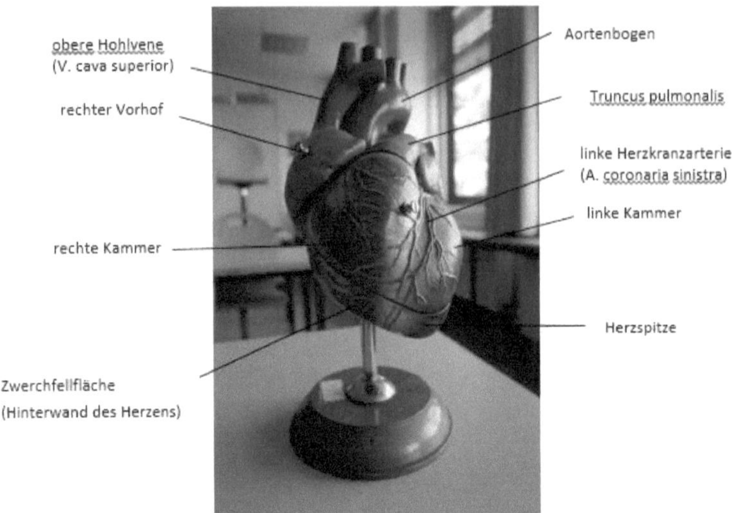

Abbildung 2: Darstellung eines Herzens

Die Hinterwand beziehungsweise Unterfläche des Herzens (Zwerchfellfläche) wird größtenteils von der linken und aber auch zu einem kleinerem Teil von der rechten Kammer gebildet. Des Weiteren liegt sie dem Diaphragma auf und ist abgeplattet.

Betrachtet man das Herz von hinten, grenzt eine rinnenartige Vertiefung die linke Kammerwand von der rechten Ventrikelwand ab, in welcher der Endast der rechten Herzkranzarterie (A. coronaria dextra) in Richtung Herzspitze verläuft. Der linke Vorhof und die in ihn einmündenden Lungenvenen nehmen die der Wirbelsäule zugewandte Seite des Herzens fast vollständig ein (vgl. Faller 2012, S. 208).

Grundsätzlich ist zum Aufbau noch hinzuzufügen, dass das Herz „Helfer" hat, die das Blut vom Herzen weg- oder hinleiten. Somit ist zu sagen, dass das Gefäßsystem - ein geschlossenes System voller elastischer Röhren - das Blut zirkuliert. Man kann das Gefäßsystem in die nachstehenden Teile fassen:

- Arterien (Schlagadern): Sie leiten das Blut vom Herzen weg und verteilen es.
- Venen (Blutadern): Sie führen das Blut zum Herzen zurück.

- Kapillaren (Haargefäße): Dort findet der Stoffaustausch statt.
- Lymphgefäße: Diese transportieren Flüssigkeit und Abwehrzellen.

Zu merken ist: Als Arterien werden jene Blutgefäße bezeichnet, die vom Herzen weggehen und Venen sind jene, die zum Herzen hinleiten. So führt die Lungenvene, die von der Lunge zum Herzen reicht, sauerstoffreiches Blut. Die Lungenarterie hingegen, die vom Herzen zur Lunge reicht, sauerstoffarmes Blut (vgl. Faller 2012, S. 206).

2.3 Klappen des Herzens

Grundsätzlich unterscheidet man zwischen den Segel- und den Taschenklappen.

Die Segelklappen (Atrioventrikularklappen) sind jene Klappen, welche zwischen den Vorhöfen und den Kammern sind. Durch die Sehnenfäden (Chordae tendineae) sind die freien Enden der Segel an den Papillarmuskeln befestigt. Die Zipfel an den Innenseiten der Kammerwände werden als Papillarmuskeln bezeichnet. Sie unterbinden zusammen mit den Sehnenfäden ein Zurückschlagen der Segel während der Kammerkontraktion. Zwischen dem rechten Vorhof und Ventrikel befindet sich die Valva tricuspidalis. Das ist eine dreizipflige Segelklappe, die auch unter dem Namen Trikuspidalklappe bekannt ist. Die Bikuspidal- oder Mitralklappe (Valva bicuspidalis), eine zweizipflige Segelklappe, trennt linken Vorhof und linke Kammer.

Nach der Kammerkontraktion darf das Blut allerdings nicht zurückfließen. Das verhindern die Taschenklappen, die sich im Entree der linken Lungenarterie (auch Arteria pulmonalis genannt) und in der Aorta aufhalten. Es gibt Pulmonal- und Aortenklappe. Sind die Klappen geschlossen, legen sich die Klappenränder eng aneinander, somit ist das Ventil geschlossen. Steigt der Druck innerhalb der Kammern weichen die Klappenränder auseinander und das Ventil wird geöffnet (vgl. Faller 2012, S. 211ff.).

2.4 Herzkranzgefäße

Zu den Herzkranzgefäßen zählen die Herzkranzarterien (Aa. coronariae) und Herzvenen (Vv. cordis).

Zur Versorgung der Herzmuskulatur sind ausschließlich die Herzkranzarterien zuständig. Erstrecken sich die Herzkranzgefäße mit ihren dominierenden Anteilen auf dem Myokard, dann kommen sie aus der Aorta und zwar deshalb, damit sie mit den Endaufzweigungen von außerhalb in die Herzmuskulatur eindringen können. Man unterscheidet zwischen der rechten Herzkranzarterie (A. coronaria dextra), welche nach ihrem Abgang aus der Aorta in Richtung Herzspitze verläuft, und der linken Herzkranzarterie.

Die Herzvenen sind dafür zuständig, das venöse Blut aus dem Herzmuskel zu sammeln (vgl. Faller 2012, S. 216).

2.5   Systole und Diastole

Damit unser Körper immer mit Blut versorgt ist und unser Kreislauf erhalten bleibt, treiben die Herzkammern das Blut synchron und schubweise in die Aorta und den Truncus pulmonalis (siehe Abbildung 2). Dabei wird die Erschlaffung des Kammermyokards als Diastole und die Kontraktion als Systole bezeichnet.

Bei der Systole unterscheidet man zwischen der Anspannungsphase und der Austreibungsphase, bei der Diastole zwischen Erschlaffungs- und Kammerfüllungsphase. Zu Beginn wird durch die Kontraktion der Vorhofmuskulatur (Vorhofsystole) das darin gelegene Blut in die Ventrikel gepresst, daraus folgt, dass sich die Segelklappen schließen (Anspannungsphase). Anschließend kontrahiert sich die Kammermuskulatur (Kammersystole). Ist der Kammerdruck gleich dem Blutdruck in der Aorta beziehungsweise in der Lungenarterie, öffnen sich die Taschenklappen und das Blut strömt in die Arterien (Austreibungsphase). Danach sinkt der Kammerdruck, die Herzmuskulatur erschlafft und die Taschenklappen schließen sich wieder. Für kurze Zeit, bei gleichem Druck, legt das Herz eine Ruhepause ein, womit wir bei der Entspannungs- und Erschlaffungsphase wären (Diastole). Anschließend öffnen sich die Segelklappen wieder und die Vorhöfe werden erneut mit Blut befüllt. Der Zyklus beginnt von vorne (vgl. Faller 2012, S.217f.) (vgl. Biegl 2004, S. 100).

3 Herzwand

Ich möchte gerne der Herzwand ein eigenes Kapitel widmen, da diese wesentlich für meine weitere Arbeit und somit für die Krankheit Myokarditis ist.

Die Herzwand ist auf drei verschiedenen Schichten aufgebaut: Aus der inneren Herzhaut - dem Endokard, der eigentlichen, quergestreiften Herzmuskulatur - dem Myokard und der äußeren Herzhaut - dem Epikard. Nicht zu vergessen ist auch der Herzbeutel bzw. das Perikard (für eine bessere Vorstellung siehe Abbildung 3) (vgl. Faller 2012, S. 214) (vgl. Fanghänel 2003, S. 858).

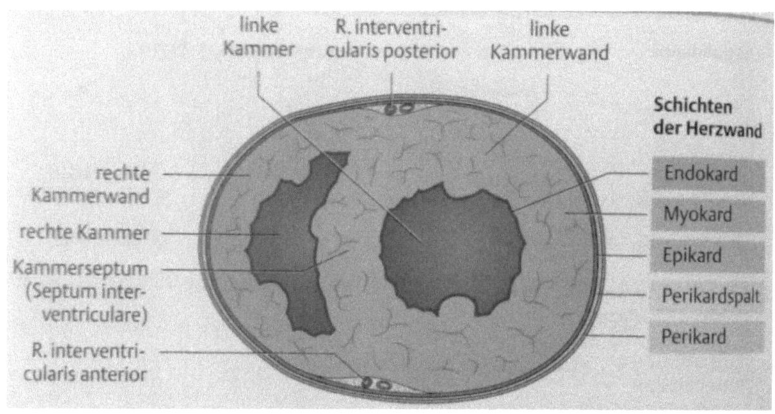

Abbildung 3: Schichten der Herzwand

3.1 Endokard

Wie schon erwähnt, versteht man unter dem Endokard die innerste Herzschicht, welche somit die innere Oberfläche der Herzräume auskleidet. Es ist in den Vorhöfen dicker entwickelt und ist weiß gefärbt. In den Ventrikeln ist es allerdings so dünn, dass sogar Muskelfasern durchzusehen sind. Des Weiteren wird das Endokard durchgehend von einem Endothel (sitzt auf einer dünnen gefäßfreien Bindegewebsschicht) ausgekleidet. Das interessante daran ist, dass sich dort alle entzündlichen und metabolischen Endokardveränderungen abspielen. Hauptsächlich am Schließungsrand der Herzklappen werden diese Endothelzellen mechanisch abgenutzt beziehungsweise beansprucht.

Jede Herzklappe besteht aus drei Rändern: Es gibt den Ansatzrand, den freien Rand und zu guter Letzt den oben genannten Schließungsrand. Zum Endokard ist noch zu sagen, dass es teils aus dem Blut in den Herzkammern und teils aus dem Gefäßnetz versorgt wird (vgl. Fanghänel 2003, S. 858) (vgl. Riede 2004, S. 476).

In weiterer Folge ist es nun für meine vorwissenschaftliche Arbeit notwendig, auf den Begriff der Endokarditis näher einzugehen.

Eine Endokarditis ist eine Entzündung des Endokards, der Herzinnenhaut, welche sich in einer fibrinösen Entzündungsreaktion äußert (mit Ausnahme der bakteriellen Endokarditisformen). Es gibt verschiedene Formen der Endokarditis, wie zum Beispiel die infektiöse oder nichtinfektiöse Endokarditis (vgl. Riede 2004, S.477fff.).

3.2   Myokard

Das Myokard ist der eigentliche Herzmuskel und somit der Motor des Herzens. Die ischämischen Herzmuskelschäden sind von großer Bedeutung, da das Myokard sehr sauerstoffempfindlich ist. Rein das Myokard betreffend gibt es allerdings die metabolischen und entzündlichen Läsionen. Im Folgenden möchte ich nun den Begriff „metabolische Läsionen" erklären und mich mit den entzündlichen Läsionen näher auseinandersetzen (vgl. Riede 2004, S. 484).

3.2.1   Metabolische Läsionen

Als metabolische Läsionen bezeichnet man Störungen jener Stoffwechselvorgänge, welche für die Aufrechterhaltung und Entstehung der Funktion und Struktur des Myokards verantwortlich sind. Diese werden als Kardiomyopathie bezeichnet. In den meisten Fällen können allerdings primäre Formen, die mit anderen Erkrankungen des Herzens nicht zusammenhängen, seitens der Ätiologie nicht geklärt werden. Sekundäre Formen allerdings sind eine Folge bekannter Grundkrankheiten.

3.2.2   Entzündliche Läsionen – Myokarditis

Entzündliche Läsionen können viral, bakteriell oder parasitär ausgelöst werden und werden als Myokarditis bezeichnet. Je nach Myokarditistyp gibt es unterschiedliche topographische Verteilungen der Entzündungsherde (vgl. Riede 2004, S. 484 - 487).

Wie eben erwähnt, kann die Myokarditis durch eine Vielzahl an infektiösen Erregern verursacht werden. Eine der Hauptursachen sind allerdings Viren mit den Hauptpathogenen Enteroviren. Enteroviren gehören zu der Familie der Picornaviren, welche unbehüllte RNA-Viren mit positiver Polarisierung sind. Des Weiteren zählen die Viren dieser Familie zu den kleinsten Viren (vgl. Pecnik 2015, S. 18) (vgl. Antwerpes, 2014).

Bakterien, Pilze und Parasiten tragen besonders in Entwicklungsländern zu Myokarditiden bei. Allerdings können auch mögliche nichtinfektiöse Ursachen, wie zum Beispiel Systemerkrankungen oder kardiotoxische Medikamente, zu einem kardialen Entzündungsprozess führen. Genaue Angaben sind nicht möglich, jedoch Schätzungen zufolge sind bis zu zehn Prozent aller Kardiomyopathien unklarer Genese durch Viren verursacht (vgl. Pecnik 2015, S. 18).

Bei einer Herzmuskelentzündung ist die Beschwerdesymptomatik unspezifisch und erstreckt sich von Abgeschlagenheit über Herzschmerzen bis hin zu einer Herzinsuffizienz, welche typische Merkmale eines Rechts- oder Linksherzversagens beinhaltet. Allerdings können schwerfällige Herzrhythmusstörungen einen plötzlichen Herztod verursachen.

Anfangs kann sich eine Myokarditis allerdings durch Fieber, verminderter Leistungsfähigkeit und Myalgien äußern. So besteht zu Beginn ein Verdacht eines systemischen Infekts, weshalb eine kardiale Entzündung oft unentdeckt bleibt. Meistens wird erst eine Beteiligung des Herzens in Betracht gezogen, wenn es zur Besserung der Allgemeinbeschwerden, jedoch zur Persistenz kardialer Symptomatik kommt. Eine verspätete Diagnostik kann eine Schädigung des Herzmuskels bedeuten, die Ursache kann allerdings nicht nachgewiesen werden.

Bei einer Myokarditis ist des Öfteren auch das Perikard betroffen (Peri-Myokarditis). So können durch eine Reizung des Perikards auch Thoraxschmerzen, welche als Koronarsyndrom missinterpretiert werden können, die Folge sein. Die Unterscheidung zwischen Myokarditis und Peri-Myokarditis ist aber oftmals schwer. Patienten geben auch häufig Palpitationen an und Herzrhythmusstörungen sind nicht ungewöhnlich.

Schwerwiegende Herzrhythmusstörungen sind zwar selten, können aber Auslöser eines plötzlichen Herztodes sein (vgl. Pecnik 2015, S. 18f.).

Die oben genannten Symptome, wie zum Beispiel Thoraxschmerzen oder Fieber, waren auch dem Patient Jürgen Uitz bekannt.

> *Als ich an diesem Tag aufgestanden bin hab ich schon gemerkt, dass ich im Brustkorb beim tief Luft holen (deswegen ist es mir dann besonders beim Musik spielen aufgefallen) ein Stechen spürte. Anfangs war es ein leichtes Stechen, aber zu Mittag wurden die Schmerzen dann plötzlich stärker, außerdem dauerhaft auf und ab schwellend (möglicherweise ist der Schmerz mit dem Herzschlag mitgegangen). [...] Die Schmerzen sind im Laufe des Tages wieder stärker geworden und um die Mittagszeit hatte ich dann leichte Schweißausbrüche und Fieber. [...] Ich konnte in der Nacht nicht mehr schlafen und habe zusätzliche Beschwerden bekommen, wie Übelkeit, Brechreiz und das Fieber hatte ich auch wieder. Das Stechen im Brustkorb ist ganz schlimm geworden und ich konnte nur mehr schlecht atmen. Die Atmung war dann an den Schmerz gekoppelt – beim Einatmen war er größer, beim Ausatmen leichter. Exorbitantes Engegefühl ist auch dazu gekommen, demnach hat man sich gefühlt, als hätte einem jemand Ziegelsteine auf den Brustkorb gelegt (Apfelthaler 2015, S. 1f.).*

Dennoch gibt es - wie schon erwähnt - verschiedene Formen der Myokarditis.

3.2.2.1 Virale Myokarditis

Eine virale Myokarditis ist jene Herzmuskelentzündung, die durch Viren ausgelöst wird. Da sie eine Entzündung ist, die sich sehr schnell am Herzen verbreitet, betrifft sie oft das Perikard mit. Man spricht dann von einer sogenannten Peri-Myokarditis. Es gibt allerdings auch Infektionen mit vorwiegend nichtkardiotropen Viren, welche auch eine Herzmuskelentzündung auslösen können. Solche Myokarditiden nennt man dann Begleitmyokarditis (vgl. Riede 2004, S. 488).

Die durch Viren ausgelöste Herzmuskelentzündung ist die häufigste Form der Myokarditis. Sie wird vorwiegend durch Enteroviren (weiter oben definiert) - wie zum Beispiel durch Coxsackie-A und B-Viren - verusacht. Des Weiteren wird diese Entzündung auch bei CMV-, HIV- und Influenzainfektion beobachtet. Durch die Coxsackieviren bewiesen, kann ein kardiotropes Virus nicht nur direkt, sondern auch indirekt die Herzmuskelzellen vernichten. Indem eine T-Zell-vermittelte Immunreaktion ausgelöst wird, werden die Myokardzellen indirekt zerstört. Direkt gegen die Herzmuskelzellen, die infizierten Zellen (viral infiziert, mit Virusantigenen) und gegen die Viren selbst richtet sich die T-Zell-vermittelte Zytotoxizität (vgl. Riede 2004, S. 488).

„Das Endstadium einer Virusmyokarditis ist eine erhebliche interstitielle Myokardfibrose mit kompensatorischer Herzhypertrophie (kongestive Kardiomyopathie)." (Riede 2004, S. 488)

Auf der Suche nach Viren in den Myokardzellen können Verkalkungen oder Einschlusskörperchen nützlich sein. Was außerdem nicht vergessen werden darf ist, dass oft weder klinisch noch pathologisch-anatomisch eine Trennung von einer Myokarditis und einer Perikarditis möglich ist (vgl. Riede 2004, S. 488f.). In Abbildung 4 ist nun eine Virusmyokarditis abgebildet. Man kann hier eine Ansammlung von Substanzen (Infiltrat) in einem gesunden Gewebe beobachten.

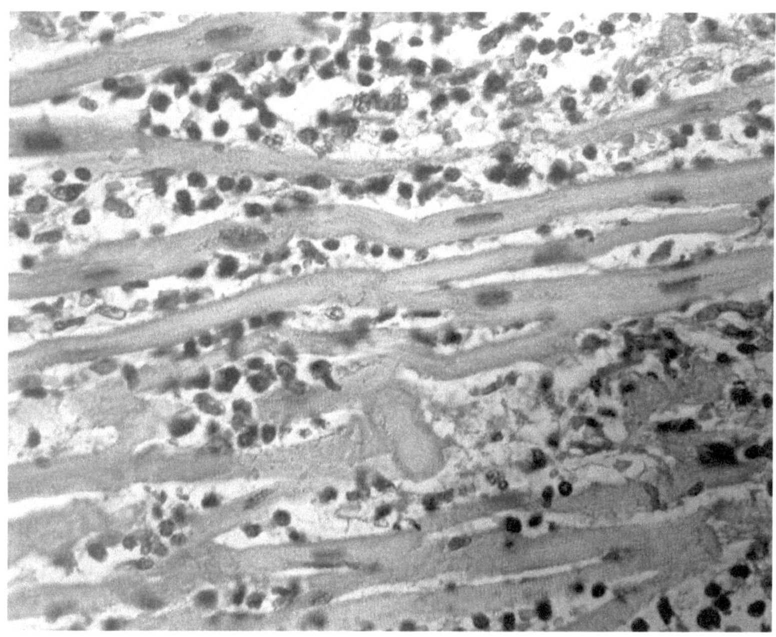

3.2.2.2   Bakterielle Myokarditis

3.2.2.2   Bakterielle Myokarditis

Bei einer bakteriellen Myokarditis können im Herzmuskel kulturell oder mikroskopisch Bakterien nachgewiesen werden. Im Gegensatz zur viralen Myokarditis, ist die bakterielle Form eher selten. Am häufigsten spricht man von einer eitrigen Myokarditis. Sie entsteht grundsätzlich in weiterer Folge nach einer von Bakterien ausgelöster Endokarditis oder einer Perikarditis, kann allerdings auch durch eine Septikopyämie ausgelöst werden.

Man kann makroskopisch erkennen, dass durch Eiterherde in Form von Abszessen bereits die bakterielle Form der Erkrankung des Herzmuskels zu sehen ist. Dass sich dichte Bakterienkolonien des Öfteren im Zusammenschluss mit kleinen - in der Organwand gelegenen - Gefäßen im Zentrum der Abszesse befinden, ist mikroskopisch zu beobachten. Außerdem werden die vorhin erwähnten Eiterherde größtenteils von einem Randsaum umgeben.

Eine Sonderform ist die Borrelien-Myokarditis. Sie wird durch den Erreger Borrelia burgdorferi, welcher durch einen Zeckenbiss übertragen werden kann, ausgelöst. Sie verursacht eine akute lymphozytäre Herzmuskelentzündung, welche man durch eine Linksherzinsuffizienz und auch einen atrioventrikulären Block erkennen kann (vgl. Riede 2004, S. 489f.).

3.2.2.3   Infekttoxische Myokarditis

Eine infekttoxische Herzmuskelentzündung wird durch Bakterientoxine verursacht, aber nicht durch die Bakterien selbst. Es wird ein Ektotoxin gebildet, das den Transport langkettiger Fettsäuren in den Mitochondrien und die ribosomale Proteinsynthese blockiert. Dadurch können Herzmuskelzellen verfetten und absterben.

Heutzutage ist eine infekttoxische Myokarditis allerdings selten zu beobachten. Man kann sie aber an den ausgedehnten abgestorbenen Zellen im Herzmuskel erkennen. Das auf dem Herzmuskel betroffene Bindegewebe reagiert mit dem entzündlichen Austritt von Blutbestandteilen aus den Kapillaren und mit dem Einwandern von Leukozyten und Granulozyten ins Gewebe. Durch das Absterben der Zellen gehen der Zellzusammenhalt und der Charakter des Myokards verloren. Dies hat zur Folge, dass sich das Herz erweitert, was zu einem Herztod führen kann.

Da sich diese Art von Herzmuskelentzündung eigentlich nur auf die rechte Herzkammerwand beschränkt, kann man dort die feinnetzigen Myokardnarben erblicken. Solche Herzmuskelentzündungen sind teilweise auch bei Infektionskrankheiten wie Scharlach und bakterielle Ruhr zu beobachten (vgl. Riede 2004, S.490) (vgl. Weber 2014) (vgl. Merz 2010) (vgl. Antwerpes 2014).

3.2.2.4 Mykotische Myokarditis

Eine mykotische Myokarditis wird von einem Pilz ausgelöst. Diese Form der Herzmuskelentzündung ist besonders bei Leukämiepatienten vertreten. In den meisten Fällen sind es Infektionen von Schimmel- und Hefepilzen (Aspergillus- und Candidainfektion). Da sich diese Pilze ins Myokard streuen, ist dieses dann dicht durch eine Pilzmyzel durchsetzt. In Abbildung 5 kann man sehen, wie sich eine Pilzmyzel im Myokard auswirkt.

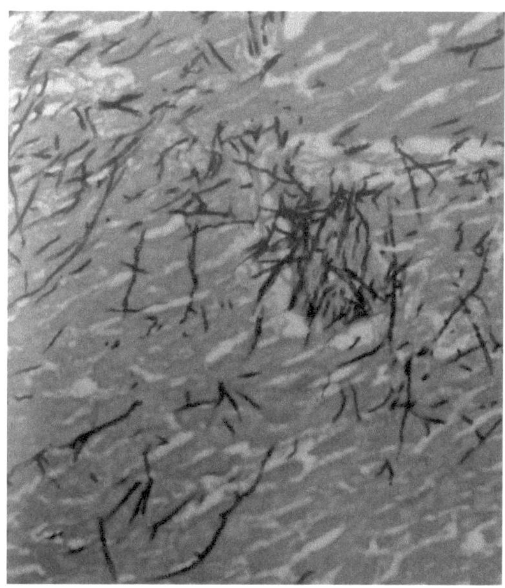

Abbildung 5: Pilzmyzel

Des Weiteren habe ich Abbildung 6 hinzugefügt, um einen rundlichen Pilzherd im Myokard zu veranschaulichen. Wegen der Pilzgifte sterben die Myokardiozyten ab, was eine Herzmuskelentzündung verursachen kann (vgl. Riede 2004, S. 491).

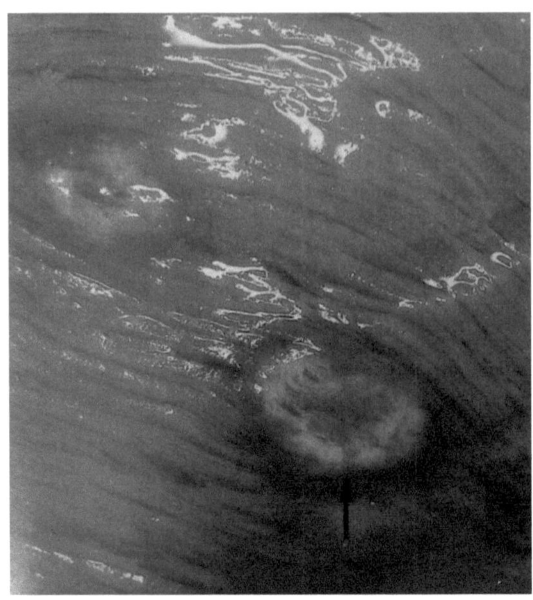

Abbildung 6: Rundlicher Pilzherd

3.2.2.5 Toxoplasmosemyokarditis

Der weltweit vorkommende Gewebsparasit Toxoplasma gondii, welcher eigentlich der Erreger der Krankheit Toxoplasmose ist, kann bei einem Menschen auch eine Herzmuskelentzündung hervorrufen.

Es dringen dabei sogenannte Protozoen in die Herzmuskelzellen ein und vermehren sich so lange als Zellparasiten in einer Pseudozyste (zystenartiges Gebilde), bis diese platzt und die Erreger in das umliegende Gewebe eindringen können. Die zerstörten Herzmuskelfasern werden von einer Ansammlung von Lymphozyten und Granulozyten im Gewebe umgeben.

Die Hälfte der Menschen, die an Toxoplasmosemyokarditis erkranken, sterben an einem Herzversagen. Bei der anderen Hälfte endet die Krankheit meist mit einer Ausheilung inklusive Vernarbung. Man kann diese Art von Herzmuskelentzündung häufig bei AIDS-Patienten beobachten (vgl. Riede 2004, S. 491).

In der Abbildung 7 kann man eine Toxoplasmosemykarditis mit typischer Pseudozyste erkennen.

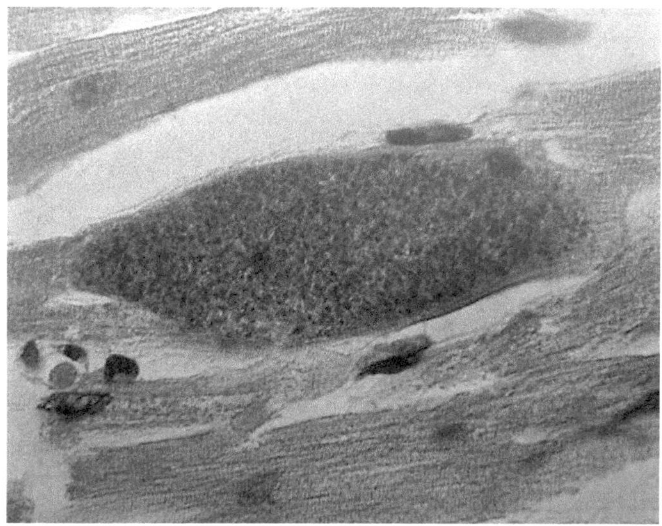

Abbildung 7: Toxoplasmosemyokarditis

3.2.2.6 Chagas-Myokarditis

Die Chagas-Myokarditis wird durch das Protozon Trypanosoma cruzi, dem Erreger der Chagas-Krankheit, hervorgerufen.

Im Anfangsstadium findet man abgestorbene Zellen im Myokard, umrandet von einem Gewebe, wo sich Lymphozyten und Makrophagen gesammelt haben. Zum Teil kann man die Parasiten in zystenartigen Gebilden der Herzmuskelzellen entdecken. Durch die Muskelzerstörung erweitert sich nach einigen Monaten der linke Herzmuskel und wird so aufgeweitet, dass ein Herzwandaneurysma (Verdünnung und Ausweitung der Gefäßwand) mit dünner Wandung entsteht.

Bei der chronischen Verlaufsform der Krankheit kann man erkennen, dass die Zerstörung der Nervenzellen typisch ist. Dies kann zu Reizbildungs- und Reizleistungsstörungen führen. Häufig ist diese Art von Myokarditis von Krankheiten wie Herzinsuffizienz, Thromboembolien oder Megakolon begleitet (vgl. Riede 2004, S. 491).

Bei Menschen, die an rheumatischem Fieber erkranken, kommt es bei ungefähr 50% der Patienten zur Ablagerung von Antigen-Antikörper-Komplexen im unterhalb des Endokards liegenden Gewebe, im Bindegewebe des Myokards und am Sarkolemm (mit dem Zytoskelett der Muskelzelle verbunden) der Myokardmyozyten (vgl. Riede 2004, S. 492).

In der Pathogenese der rheumatischen Myokarditis gibt es noch Unklarheiten und es entsteht im Myokard eine Entzündung, die durch das Auftreten von Granulomen gekennzeichnet ist. Diese Entzündung verläuft in drei Stadien:

1. Gewebsuntergang, bei dem die Struktur des Kollagens so zerstört wird, dass es lichtmikroskopisch wie Fibrin erscheint
2. um ein Gefäß herumliegendes rheumatisches Granulom
3. feinfleckige Myokardfibrose (Gewebeveränderung, durch Vermehrung von Bindegewebszellen gekennzeichnet) mit Narben

In der folgenden Abbildung 8 können sie nun die einzelnen Stadien der rheumatischen Myokarditis beobachten. Wie eben beschrieben, beginnt es mit dem Gewebsuntergang (fibrinoide Nekrose), gefolgt von dem rheumatischen Granulom, auch bekannt als Aschoff-Knötchen, und als dritte und eigentlich letzte Phase kann man die Narbe im Gewebe erkennen. Nach einer zeitweiligen Abheilung können diese Erkrankung und somit die 3 Phasen erneut auftreten (Rezidiv) (vgl. Riede 2004, S. 492).

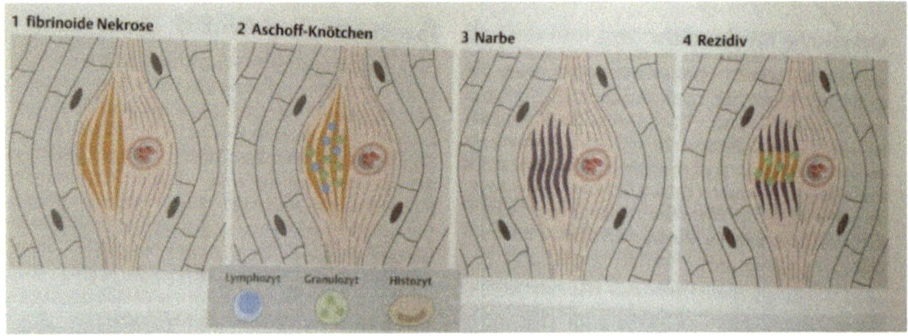

Abbildung 8: Verlauf einer rheumatischen Myokarditis

Bevorzugt in der linken Ventrikelwand befinden sich die rheumatischen Granulome, nämlich zwischen dem Mitralklappenansatz und Aortensprung und in den Papillarmuskeln.

Als Beispiel gilt Abbildung 9, in der man eine rheumatische Myokarditis mit dem Aschoff-Knötchen (siehe Abbildung 8) erkennen kann (vgl. Riede 2004, S. 492).

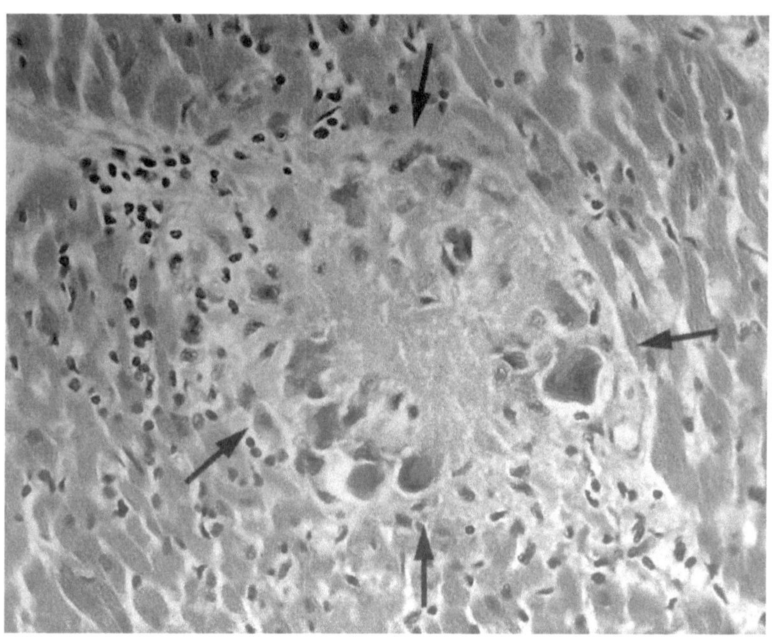

Abbildung 9: Rheumatische Myokarditis mit Aschoff-Knötchen

3.2.2.8 Überempfindlichkeitsmyokarditis

Diese Form der Myokarditis entsteht durch eine medikamentöse Überempfindlichkeitsreaktion. Die Überempfindlichkeitsmyokarditis kann durch verschiedene Arzneimittel ausgelöst werden, wie zum Beispiel Antibiotika, Antidepressiva, Antiepileptika, Antiphlogistika und Diuretika.

Die Ergänzung einer Überempfindlichkeitsmyokarditis ist die eosinophile Myokarditis. Diese Herzmuskelentzündung befällt erstklassig die Wandabschnitte der linken Kammer und das Kammerseptum (teilt rechte und linke Herzkammer). Dadurch bekommt der Herzmuskel eine teigige Beschaffenheit mit gelblich-rötlichen Flecken. Eine unterhalb des Endokard liegende Myokarditis ist häufiger.

Klinisch kann man beobachten, dass zunächst Fieber, Bluteosinophilie und unspezifische kardiologische Symptome häufig sind. Erst in späteren Stadien treten eine Herzvergrößerung, im EKG ST-Senkungen und Reizleitungsstörungen auf, worauf meistens Herzversagen folgt (vgl. Riede 2004, S. 492).

3.2.2.9   Granulomatöse Myokarditis

Wie bereits in den vorangegangenen Kapiteln beschrieben, ist ein Granulom ein Sammelbegriff für meist gutartige knötchenförmige Gewebeneubildungen. Die granulomatöse Myokarditis ist gekennzeichnet durch das Auftreten solcher Granulomen. Hauptsächlich sind der muskelstarke Wandabschnitt der linken Kammer und das Kammerseptum betroffen.

Diese Form der Herzmuskelentzündung kann man bei fast 20% der Patienten mit Sarkoidose (granulomatöse Entzündung) nachweisen. Im Gegensatz dazu ist eine Myokardbeteiligung bei Tuberkulose und Syphilis eine Seltenheit (vgl. Riede 2004, S. 492f.).

3.2.2.10 Riesenzellmyokarditis

Eine Riesenzellmyokarditis ist eine Entzündung, welche nur das Myokard jüngerer Patienten betrifft. Des Weiteren ist es eine Erkrankung, die akut und zunehmend schwer verläuft. Sie ist durch ausgedehnte Myokardnekrosen - begleitet von Riesenzellen - zu erkennen.

Diese Form der Herzmuskelentzündung ist ätiologisch nicht geklärt. Allerdings vermutet man, dass diese durch eine Virusinfektion ausgelöst wird und durch einen autoaggressiven Entzündungsverlauf aufrechterhalten wird, da sie mit chronischen Organentzündungen auftritt.

Gekennzeichnet ist die Riesenzellmyokarditis durch einen nichteitrigen, herdförmigen Untergang von Myokardiozyten, der von einer Entzündung begleitet wird. In Abbildung 10 ist als Beispiel eine Riesenzellmyokarditis abgebildet. Mit „RZ" bezeichnet, kann man im Bild eine Riesenzelle erkennen (vgl. Riede 2004, S. 493).

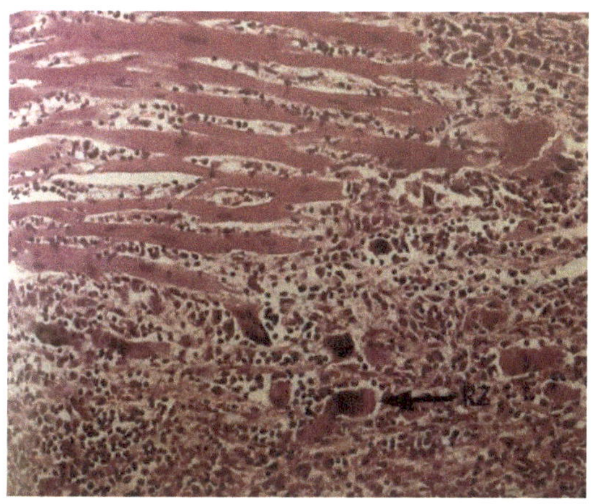

Abbildung 10: Riesenzellmyokarditis

Zum Abschluss dieses Kapitels habe ich noch Abbildung 11 hinzugefügt. Daraus kann man entnehmen, welche Bereiche des Herzen die einzelnen Myokarditistypen bevorzugen. Zum Beispiel kann man erkennen, dass die rheumatische Myokarditis bevorzugt in der linken Ventrikelwand liegt, oder dass der Virustyp fast im ganzen Herzen vertreten ist.

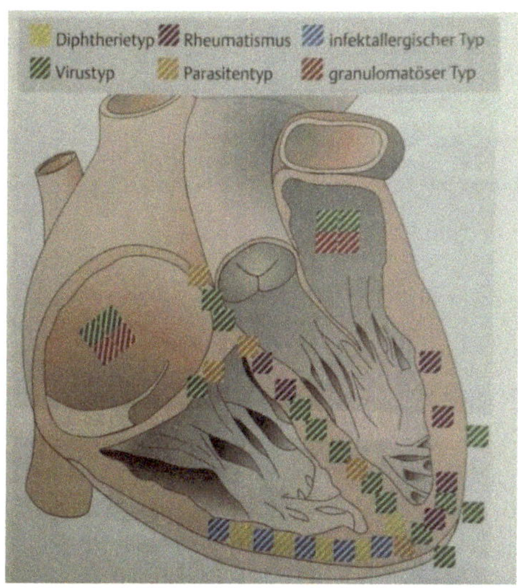

Abbildung 11: Myokarditistypen

Eine Sonderform der Myokarditis wäre noch das Abstoßen eines transplantierten Herzens. Darauf möchte ich allerdings im Rahmen dieser vorwissenschaftlichen Arbeit nicht eingehen (vgl. Riede 2004, S. 493).

3.3 Perikard

Wie schon in der Einleitung zur Herzwand erwähnt, ist das Perikard der Herzbeutel. Die Funktion des Herzbeutels ist leider noch nicht vollständig geklärt. Allerdings weiß man, dass das Perikard dem Herzen als Überdehnungsbremse sowie als Schutz- und Gleitorgan dient. So gut wie alle Herzbeutelaffektionen werden als Perikarderkrankung bezeichnet, weil die äußere Herzhaut direkt in den Herzbeutel übergeht. Viele Patienten zeigen, dass man ohne Perikard auch überleben kann. Allerdings ist er sehr empfindlich auf entzündliche Läsionen (Perikarditiden). Diese Läsionen des Herzbeutels sind von großer klinischer Relevanz. Zum einen, weil sie sehr schmerzhaft sind, zum anderen, weil sie durch Vernarbung beziehungsweise durch Erhöhung der Herzbeutelflüssigkeit die Herzaktionen behindern (vgl. Riede 2004, S. 494).

Zusammengefasst bedeutet dies: Eine Perikarditis ist eine Entzündung des Herzbeutels.

3.3.1 Perimyokarditis

Bereits im Kapitel 3.2.2.1 erwähnt, ist eine Trennung von einer Myokarditis und einer Perikarditis schwer möglich. Denn in den meisten Fällen sind der Herzmuskel und der Herzbeutel betroffen, man spricht dann von einer Perimyokarditis. Die Symptomatik ist ähnlich wie bei einer Myokarditis, nur dass in diesem Fall die Schmerzen größer sind, als bei einer reinen Herzmuskelentzündung.

Typische Symptome wären: Fieber, scharfer stechender Schmerz im Brustbereich, Schwitzen, Atemprobleme, Leistungsabnahme, Kreislaufbeschwerden und in manchen Fällen auch Kreislaufversagen.

Nicht zu vergessen ist auch die psychische Komponente, die einiges dazu beitragen kann. Dies bestätigte mir Herr Jürgen Uitz auch im Interview.

Sie erzählte mir, dass ich an einer Herzmuskelentzündung erkrankt war und dies bis zu einem sehr fortgeschrittenen Stadium, da es sonst soweit gar nicht gekommen wäre. Wo die Ärzte

Ein Pericarderguss ist keine Seltenheit bei einer Peri- beziehungsweise einer Myokarditis. Ich möchte nun als weiteres Beispiel den Befund von Herrn Jürgen Uitz anführen. Aus Abbildung 12 kann man herauslesen, dass der Aufnahmegrund und gleichzeitig die Symptomatik Fieber bis 39 Grad Celsius, thorakale Schmerzen (atemabhängig), Übelkeit und Brechreiz waren.

Arztbrief

Sehr geehrter Herr Kollege!

Aufnahmegrund: 3 Wochen vor der stat. Aufnahme Infekt des Respirations-
traktes mit Angina tonsillaris, zum Aufnahmezeitpunkt Fieber bis
39 Grad C, thorakale Schmerzen, atemabhängig, Übelkeit, Brechreiz.

Entl. Dgn.: 1. Perimyocarditis

Letzte int. Therapie: Urbason 20 mg 1-0-0 - weitere langsam ausschleichende
Medikation, Zurcal 40 mg 1-0-0, Cliacil mega 1-0-1 durch weitere
6 bis 8 Wochen, körperliche Schonung durch weitere 3 Monate.

Wir bitten Sie, die Therapieempfehlung im Hinblick auf die Ökonomie-
richtlinien des Hauptverbandes zu überprüfen und gegebenenfalls anzupassen.

Befunde: beiliegend
RR 120/80

Verlauf und Therapie:
Die Aufnahme des Pat. erfolgt aus oben angeführten Gründen. Echocardiographisch findet sich eine mittelgradig reduzierte Linksventrikelfunktion
sowie ein Pericarderguss. Von laborchemischere Seite her zeigen sich deutlich erhöhte Entzündungsparameter wie auch erhöhte Herzfermente mit einem
dokumentierten CK-Maximum von 150 U/l bei einer CK-MB von 14 U/l. Die Herzfermente erreichen am Aufnahmetag ihr Punktum maximum.
Der Pat. wird antibiotisch mittels Penicillin abgeschirmt, weiters werden
symptomatisch analgetisch/antiphlogistische Infusionne verabreicht.
Klin. ist der Pat. rasch beschwerdefrei; laborchemisch kommt es zu einer
völligen Rückbildung der erhöhten Entzündungsparameter.

Abbildung 12: Befund Teil 1

Außerdem ist nachzulesen, dass die endgültige Diagnose Perimyokarditis lautete. Es zeigten sich im Verlauf der Krankheit erhöhte Entzündungsparameter und erhöhte Herzfermente, welche am Aufnahmetag ihr Maximum erreichen.

Der Patient hatte noch Glück, in dem sich die erhöhten Entzündungsparameter vollständig rückbildeten und er rasch beschwerdefrei war. Da sich trotzdem noch bei stärkeren Belastungen Leistungsschwächen zeigen, wird ihm körperliche Schonung empfohlen. Er wird - unter der Voraussetzung bestimmte Medikamente einzunehmen - entlassen (siehe Abbildung 13).

02003374 UITZ JÜRGEN, geb. 17.11.1983

Der echocardiographische Befund bessert sich zusehends, die Pumpfunktion ist vor Entlassung des Pat. im Normbereich.
Der Pat. ist bei leichter körperlicher Belastung beschwerdefrei, bei stärkerer Belastung wird eine Leistungsschwäche bzw. Dyspnoe angegeben.
Der Pat. wird wiederholt über seine Erkrankung aufgeklärt, weiters wird ihm unbedingt körperliche Schonung für zumindest 3 Monate angeraten.
Ein Antrag auf Rehabilitation wurde unsererseits gestellt.
Herr Uitz wird unter oben angeführter Mediaktion am 17.06. wieder nach Hause entlassen.
Eine echocardiographisch sowie laborchemische Verlaufskontrolle wird unsererseits in etwa 3 Wochen empfohlen. Wir bitten um eine entsprechende Zuweisung bzw. um Abklärung während des Rehab.-Aufenthaltes.

Abbildung 13: Befund Teil 2

Die Hauptthemen meiner vorwissenschaftlichen Arbeit wurden nun ausführlich dargelegt. Die verschiedenen Formen der Herzmuskelentzündung entsprechen gleichzeitig den verschieden möglichen Ursachen, so zum Beispiel Viren, Bakterien, Pilze und einige mehr. Die Beschwerdesymptomatik einer Entzündung des Myokards wurde in den diversen Unterkapiteln erwähnt und mit Hilfe von Beispielen des Interviews unterstützt. Die wichtigsten und häufigsten Symptome wurden des Öfteren erwähnt. Jedoch ist die Symptomatik einer Herzmuskelentzündung von Mensch zu Mensch verschieden und eine Myokarditis wirkt sich bei einigen Menschen sicher anders aus, als in meiner Arbeit beschrieben. Da es allerdings viel zu viele Symptome gibt und dies den Rahmen meiner Arbeit sprengen würde, habe ich nur die bedeutendsten und häufigsten Auswirkungen genannt.

Es ist mir jedoch wichtig, dass ein ziemlich breites Feld von Grundwissen vorhanden erarbeitet wird, damit das Kernthema meiner vorwissenschaftlichen Arbeit tadellos zu verstehen ist.

4 Diagnostik einer Myokarditis

Es stehen für die Diagnostik einer Myokarditis einige laborchemische Parameter und Bildgebungsverfahren zur Verfügung. Man muss zugegebenermaßen hinzufügen, dass dies alles Hinweise auf eine Herzmuskelentzündung sein können, aber keine sichere Diagnose darstellen (vgl. Pecnik 2015, S. 19).

Die Diagnoseerstellung in der Praxis wird anhand der Klinik des Patienten und mit mittlerweile verfügbaren Diagnoseverfahren aufgestellt. Dazu zählen heutzutage die Magnetresonanztomografie des Herzens (CMR), eine Echokardiografie oder auch das EKG (vgl. Pecnik 2015, S. 19).

4.1 Elektrokardiogramm (EKG)

Das Elektrokardiogramm ist ein diagnostisches Verfahren, das Auskunft über Bildung, Ausbreitung und Rückbildung der elektrischen Erregung über Vorhof und Kammermyokard gibt. Es erlaubt außerdem Rückschlüsse auf Herzlage, Herzfrequenz und Erregungsrhythmus (Faller 2012, S. 223).

In einer EKG-Kurve gibt es unterschiedliche Zacken und Wellen. Es gibt P- und T-Welle sowie die Q-, R-, und S-Zacken (vgl. Faller 2012, S. 224). Für besseres Verständnis ist zu empfehlen, die folgende Erklärung mit Abbildung 14 abzugleichen.

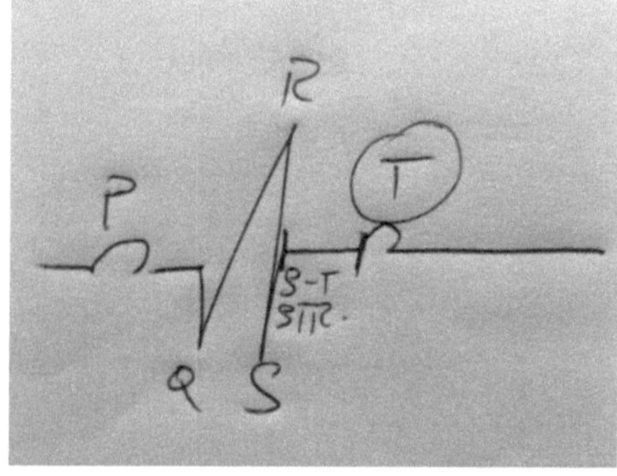

Abbildung 14: EKG Kurve

Die P- Welle gibt den Ausdruck der Erregungsausbreitung in den Vorhöfen an. Den Beginn der Kammererregung geben die Q-, R-, und S-Zacken an, der sogenannte QRS-Komplex. Die T-Welle wiederrum gibt das Ende der Kammererregung an. Der Beginn der P- Welle und der Q-Zacke ist folglich die Zeit vom Anfang der Vorhoferregung bis zum Beginn der Kammererregung. Ähnlich dazu ist das Intervall vom Anfang der Q-Zacke bis zum Ende der T-Welle die Zeit, die beide Herzkammern zur Aufhebung der Polarisation und zur Wiederherstellung des Ruhepotentials brauchen (vgl. Faller 2012, S. 224).

Im Falle einer Myokarditis stellt sich die EKG-Kurve wie folgt dar:

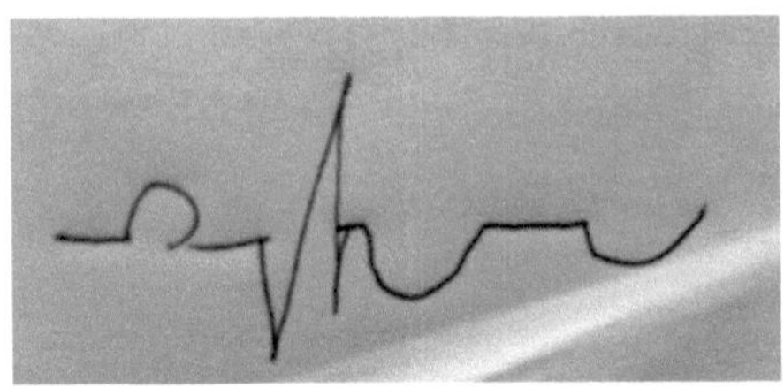

Abbildung 15: EKG-Kurve bei einer Myokarditis, Beispiel 1

Bei einer Herzmuskelentzündung sind die elektrokardiographischen Veränderungen nicht einheitlich. Es finden sich diverse Formen von Erregungsrückbildungsstörungen in Form von ST-Strecken-Senkungen, einer Abflachung der T-Welle und einer Negativität der T-Welle (siehe Abbildung 15 und 16). Des Weiteren kann man in manchen Fällen auch Erregungsleitungsstörungen, Erregungsausbreitungsstörungen und Erregungsbildungsstörungen (Rhythmusstörungen) nachweisen (vgl. Trappe 2013, S. 83ff.).

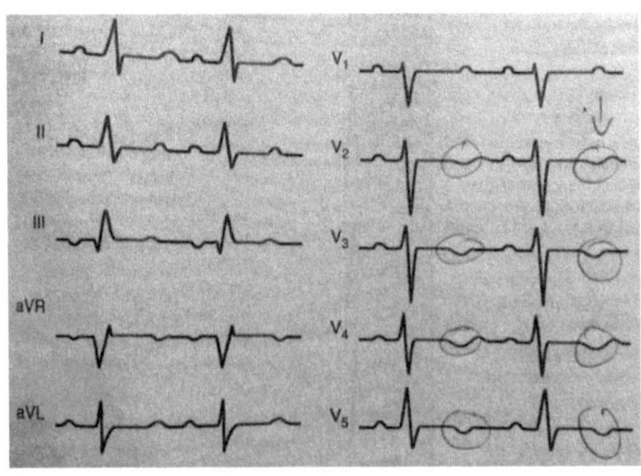

Abbildung 16: EKG-Kurve bei einer Myokarditis, Beispiel 2

In den Abbildungen 15 und 16 kann man nun gut eine verkürzte ST-Strecke und eine negative T-Welle (in Abbildung 16 blau einkreist) erkennen, beides stellt ein Kennzeichen für eine Herzmuskelentzündung dar.

4.2 Echokardiografie

Eine Standard-Echokardiografie dient der systematischen Bewertung der Ventrikelfunktion und der Entdeckung möglicher Wandbewegungsstörungen. Mögliche Erkrankungen mit ähnlicher Symptomatik wie eine ischämische Kardiomyopathie können so durch eine nicht in den Körper eindringende Maßnahme (nichtinvasiv) ausgeschlossen werden (vgl. Pecnik 2015, S. 19).

4.3 Magnetresonanztomografie (CMR)

Die CMR ist eine Methode die zur nichtinvasiven Diagnostik dient. Sie eignet sich außerdem zur Differenzierung einer erkennbar werdenden Myokarditis. Somit können genau die Geometrie und Wandbewegungsstörungen bestimmt werden. Des Weiteren ist es möglich, zwischen entzündlichen und abgestorbenen Verlaufsformen zu unterscheiden. Die CMR ist auch imstande, bei vernarbtem Gewebe zwischen einer Herzmuskelentzündung und einer ischämischen Kardiomyopathie zu unterscheiden. Durch eine CMR werden fast 80 Prozent der tatsächlichen Erkrankungen wirklich erkannt. Und 96 Prozent der tatsächlich Gesunden, die nicht an Myokarditis leiden, werden bei einer CMR auch als gesund erkannt (vgl. Pecnik 2015, S. 19).

Anders als bei kardiovaskulären Ursachen, bei denen eine Herzinsuffizienztherapie empfohlen wird, wird bei einer Myokarditis gegen den Auslöser und gegen die Grunderkrankung vorgegangen. Deshalb ist die Therapie von Fall zu Fall anzupassen. Aufgrund der verschiedenen Ausbreitungen und Verläufe der Entzündungen und der diversen Auslöser variiert die Prognose stark. Im Falle einer Virusmyokarditis kann man bei mehr als 80% der Patienten von einer Ausheilung mit Normalisierung der Linksventrikelfunktion sprechen. Somit sind keine besonderen Formen der Therapie nötig, sondern Allgemeinmaßnahmen wie Bettruhe und körperliche Schonung werden eingeleitet. In 15% der Fälle ist zu beobachten, dass sich ein chronischer Verlauf mit Entwicklung einer dilatativen Kardiomyopathie (CMP) einstellt (vgl. Pecnik 2015, S. 20).

Plötzliche und schnelle Verläufe mit Instabilität und Herzversagen benötigen häufig eine mechanische Unterstützung des Patienten. Die Todeswahrscheinlichkeit bei plötzlichen und schnellen Entwicklungen einer Myokarditis liegt bei 40 Prozent und ist abhängig von der Prognose und dem Alter der Patienten (vgl. Pecnik 2015, S. 20).

Es wird somit zusammenfassend festgehalten, dass man bei einer Herzmuskelentzündung in jedem Falle die Grundkrankheit behandelt, sowie Allgemeinmaßnahmen (Bettruhe, hohe Temperaturen meiden, körperliche Schonung) einleitet. Auch Patient Uitz Jürgen hat Erfahrungen mit solchen Maßnahmen gemacht:

Zwischen dem Krankenhausaufenthalt und der Reha war ich allerdings zwei Wochen zu Hause und hatte absolutes Belastungsverbot. Um die Zeit herum war gerade eine Hitzewelle und da brauchte ich wirklich nur ein paar Minuten in der Sonne sitzen und habe sofort gemerkt, dass das mein Herz nicht packt. Also alleine die Belastung in der Sonne zu sitzen, war für den Körper bzw. Herzmuskel zu viel (vgl. Apfelthaler 2015, S. 5).

Bei Herzstillständen und größeren Beschwerden nach der Erkrankung sind Rehabilitationsaufenthalte auch keine Seltenheit. Sie verhelfen dem Patienten wieder - unter ärztlicher Aufsicht beziehungsweise Kontrolle - die ursprüngliche Leistung und Körperbelastung zu erreichen. Ich möchte auch hier einen Ausschnitt des Interviews mit Herrn Uitz anführen. Er hatte ebenfalls eine Rehabilitation durchgeführt und hat von Woche zu Woche seinen Körper beziehungsweise sein Herz mehr belasten können.

Also am ersten Tag eine Runde und am vierten Tag vielleicht schon 4 Runden ums Haus und so weiter. In der zweiten Woche war ich in einer Wandergruppe, wo man schon 2-3 km am Tag gegangen ist – aber wirklich im gemäßigten Tempo.In der dritten Woche ist man dann 5-6 km gewandert und das in einem schnelleren Schritt. In der letzten Woche war ich in der sozusagen besten Gruppe. Ich bin pro Tag locker 5-6 Stunden gewandert. Das war meistens nachmittags und vormittags war zwei Mal pro Woche eine ärztliche Untersuchung (vgl. Apfelthaler 2015, S. 5f.).

Das Herz ist der Motor unseres Kreislaufes. Es ist ungefähr faustgroß und wiegt bei einem gesunden Erwachsenen zirka 300 Gramm. Die Herzscheidewand trennt den Hohlmuskel in ein „rechtes Herz" (Lungenkreislauf) und in ein „linkes Herz" (Körperkreislauf) und beide Teile besitzen jeweils einen Vorhof und eine Kammer (oder Ventrikel). Außerdem gibt es vier Herzklappen, die einen Rückfluss des Blutes in die Vorhöfe beziehungsweise in die Ventrikel verhindern.

Das Endo-, Myo- und Epikard bilden die Herzwand. Nicht zu vergessen ist das Perikard – der Herzbeutel. Das Myokard (Herzmuskel) kann sich auf Grund verschiedenster Ursachen entzünden. Die häufigsten Auslöser einer infektiösen Myokarditis (Herzmuskelentzündung) wären exemplarisch Viren, Bakterien, Pilze oder Protozoen. Es gibt allerdings auch nichtinfektiöse Myokarditiden, wie etwa eine rheumatische oder eine infekttoxische Herzmuskelentzündung. Schätzungen zufolge werden die meisten Entzündungen des Herzmuskels durch Viren ausgelöst. Dazu muss man sagen, dass eine durch Viren ausgelöste Herzmuskelentzündung in den meisten Fällen auch das Perikard mitbetrifft (im Sinne einer Peri-Myokarditis).

Die Beschwerdesymptomatik bei einer Myokarditis erstreckt sich von Müdigkeit, verminderter Leistungsfähigkeit, Engegefühl im Brustbereich, Palpilationen, Myalgien und Fieber bis hin zu Herzrasen, Herzinsuffizienz und Herzstillstand. Hochgradige Herzrhythmusstörungen können auch einen plötzlichen Herztod verursachen.

Da eine Myokarditis meist schleichend verläuft, ist eine Diagnosestellung sehr schwierig. Besteht indessen ein Verdacht einer Herzmuskelentzündung, stehen Diagnoseverfahren wie eine Magnetresonanztomografie, ein Elektrokardiogramm oder eine Echokardiografie zur Verfügung.

Die Therapie einer Herzmuskelentzündung ist der entsprechenden Grunderkrankung und dem auslösenden Erreger angepasst. Der Heilerfolg beziehungsweise die Dauer der Therapie ist von der Ausbreitung und dem Verlauf der Entzündung abhängig und variiert stark. Bei einer Virusmyokarditis wird vorwiegend eine Ausheilung ohne wesentliche Therapie angewandt.

Angstwurm, Matthias/Kia, Thomas (Hrsg.): mediscript STaR. Das Staatsexamens-Repetitorium zur Kardiologie und Angiologie. München: Elsevier GmbH, Urban & Fischer Verlag 2013. S. 3-25; 34-40; 76-93.

Apfelthaler, Andrea: Interview zum Thema Herzmuskelentzündung. Geführt mit Uitz Jürgen. Gmünd. 5. Juli 2015 [AC und Transskript].

Biegl, Christine-Eva: Begegnungen mit der Natur 5. Wien: Österreichischer Bundesverlag Schulbuch GmbH & Co. KG 2004. S.98-102.

Dr. Pecnik, Philipp/Dr. Eber Bernd: Entflammtes Herz. In: ärztemagazin. Ausgabe 17, KW 29, 2015, S. 18-20.

Faller, Adolf/Schünke, Michael: Der Körper des Menschen. Einführung in Bau und Funktion. 16., überarbeitete Auflage. Stuttgart: Georg Thieme Verlag KG 2012. S. 205-257.

Fanghänel, Jochen (Hrsg.) u.a.: Waldeyer. Anatomie des Menschen. 17., völlig überarbeitete Auflage. Berlin: Walter de Gruyter GmbH & Co. KG 2003. S.840-877.

Grillparzer, Marion: KörperWissen. Entdecken Sie Ihre innere Welt. München: Gräfe und Unzer Verlag GmbH 2007. S. 180-213.

Riede, Ursus-Nikolaus (Hrsg.) u.a.: Allgemeine und spezielle Pathologie. 5., komplett überarbeitete Auflage. Stuttgart: Georg Thieme Verlag 2004. S. 476-493.

Trappe, Hans-Joachim/Schuster, Hans-Peter: EKG-Kurs für Isabel. 6. Auflage. Stuttgart: Thieme Verlagsgruppe 2013.

9.1 Interview mit Patient Jürgen Uitz

Herr Uitz, wie Sie wissen schreibe ich meine VWA über die Krankheit Herzmuskelentzündung. Das ist der Grund warum ich Sie heute gerne interviewen möchte. Mich würde interessieren wie alles begonnen hat, Symptome, die sich gezeigt haben, ob es besondere Ursachen gegeben hat und sonstige Informationen, die Sie für mich über Ihre damalige Krankheit haben. Also, Herr Uitz, wie hat alles begonnen?

Das es um eine Herzmuskelentzündung ging, wurde erstmals am 29. Mai 2002 klar, als ich ins Krankenhaus aufgenommen worden bin. Ich war gerade in den Vorbereitungen zu den Abschlussprüfungen in der Bundesfachschule in Langenlebarn. Das war für die Beantwortung meiner eigenen Fragen zur Krankheit später relevant, da die Krankheit nach den Erkenntnissen der Ärzte nicht nur an einer Infektion oder einem grippalen Infekt gelegen ist, sondern offensichtlich auch eine erhebliche psychische Komponente mitgespielt hat. Denn wie die meisten Schüler hatte auch ich viel Stress und Druck in den Monaten vor Schulabschluss.

Wirklich begonnen hat das Ganze schon etwa drei Wochen davor, also Anfang bis Mitte Mai. Ich bin mir nicht ganz sicher welcher Feiertag es genau war, in jedem Fall gab es einen Prozessionszug, bei dem ich mit meiner Musikkapelle gespielt habe und speziell an diesem Tag, bzw. eigentlich schon das ganze vorige Wochenende, gab es dieses feucht-kalte Wetter. Also es war immer kalt, hat geregnet, dann war es wieder trocken – ein Wetter bei dem man sich leicht verkühlt. Als ich an diesem Tag aufgestanden bin hab ich schon gemerkt, dass ich im Brustkorb beim tief Luft holen (deswegen ist es mir dann besonders beim Musik spielen aufgefallen) ein Stechen spürte. Anfangs war es ein leichtes Stechen, aber zu Mittag wurden die Schmerzen dann plötzlich stärker, außerdem dauerhaft auf und ab schwellend (möglicherweise ist der Schmerz mit dem Herzschlag mitgegangen). Allerdings habe ich mir nicht viel dabei gedacht, außer dass ich mich wahrscheinlich verkühlt habe und bin deswegen auch zurück ins Internat nach Langenlebarn gefahren – sogar etwas früher, wegen den Prüfungen. Über Nacht hatte ich dann Probleme mit der Atmung, es war nicht mit einem Schmerz verbunden, sondern ich konnte einfach nicht mehr richtig Luft holen. Ich bin nächsten Tag dann zur Schule gegangen, denn der Schmerz hatte sich über Nacht beruhigt und daraus hatte ich geschlussfolgert, dass es nichts Tragisches war. Die Schmerzen sind im Laufe des Tages wieder stärker geworden und um die Mittagszeit hatte ich dann leichte Schweißausbrüche und Fieber. Da wurde mir bewusst, dass das nicht normal war. Daraufhin hat mich ein Lehrer nach Hause geschickt und ich bin noch in Langenlebarn ins Sanitätsheim gegangen. Dort wurden mir einige fiebersenkende Tabletten gegeben und ich bin über Nacht geblieben.

Die ersten Vermutungen der anwesenden Sanitäter waren aufgrund der Atembeschwerden und dem Stechen im Brustkorb Bronchitis, auch deswegen, weil ich schon mal Bronchitis hatte. Am nächsten Tag bin ich zwar ohne Fieber munter geworden, allerdings fiel mir das Atmen um einiges schwerer und dieser Schmerz ist auch stärker geworden. Deswegen wurde ich ins Krankenhaus nach St. Pölten gebracht. Und dort ging das ganze Prozedere etwas professioneller von vorne los. Die Ärzte hatten auch Bronchitis vermutet, da ich eben zwei-drei Jahre vorher schon mal daran erkrankt war. Allerdings konnten sie nicht wirklich sagen, wo das herkommt. Man hatte beim Abhören zwar gemerkt, dass die Lunge schwer atmet, aber sie hat im Gegenzug keine Beeinträchtigung gehabt. Da es aber keine Erkenntnis gab, bin ich noch am selben Tag heimgeschickt worden, mit der Auflage: Bettruhe und zum Hausarzt gehen.

Sie sind trotz Schmerzen nach Hause gegangen?

Mein Hausarzt gab mir Tabletten gegen Schmerzen und Fieber, also zu diesem Zeitpunkt war das Stechen erträglich. Und sie haben mich auch deswegen heimgeschickt, wegen dem ganzen Stress in der Schule – zuhause ins Bett und auskurieren. Die ersten 2 Tage zuhause war der Zustand unverändert. Meine Körpertemperatur ist durch die Tabletten heruntergegangen, ich konnte auch ein bisschen besser atmen, was dagegen nie besser geworden ist, war der pochende Schmerz.

Am 3. Tag ist das ganze eskaliert. Ich konnte in der Nacht nicht mehr schlafen und habe zusätzliche Beschwerden bekommen, wie Übelkeit, Brechreiz und das Fieber hatte ich auch wieder. Das Stechen im Brustkorb ist ganz schlimm geworden und ich konnte nur mehr schlecht atmen. Die Atmung war dann an den Schmerz gekoppelt – beim Einatmen war er größer, beim Ausatmen leichter. Exorbitantes Engegefühl ist auch dazu gekommen, demnach hat man sich gefühlt, als hätte einem jemand Ziegelsteine auf den Brustkorb gelegt. Ein finaler Punkt war dann zur Mittagszeit: Da bin ich aufgestanden, weil ich aufs WC musste und beim Aufstehen hat es mich dann schon halb zusammengedreht. Mir war extrem schwindlig, auch ein paar Mal schwarz vor den Augen geworden und am WC bin ich dann kurz eingenickt, also der Kreislauf war anscheinend schon am Ende, habe es dann aber noch in den ersten Stock in mein Zimmer hinauf geschafft. Da war mir bewusst, dass irgendetwas ganz und gar nicht in Ordnung war und ich hier nicht bleiben konnte bzw. akut Hilfe benötige.

War jemand bei Ihnen zuhause oder waren Sie alleine?

Ich war alleine zuhause. Habe dann auch gleich meinen Hausarzt angerufen, der mir dann gleich am Telefon gesagt hat, dass ich direkt ins Krankenhaus fahren solle. Ein Freund von mir hatte mich gleich abgeholt und mich direkt ins Krankenhaus Gmünd gebracht. Und auf das was dann kommt, kann ich mich eher dunkel erinnern. Ich wurde auf jeden Fall auf ein Zimmer gebracht und mir wurden fiebersenkende und blutdruckstabilisierende Medikamente gegeben. Nächsten Tag in der Früh brachten die Ärzte mich zum Lungenröntgen. Da der ganze Brustkorb geröntgt wurde, musste das Ganze im Stehen absolviert werden. Die Ärzte sagten mir, ich solle bitte in das Licht schauen, und das ist das Letzte an das ich mich erinnern kann. Eine kurze Erinnerung habe ich allerdings, dass ich zurück auf die Intensivstation gebracht worden bin und so ca. 10 Krankenschwestern rund um mich gestanden sind. Die nächste Erinnerung ist dann erst 2-3 Stunden später als ich wieder munter geworden bin. Was genau sie da gemacht haben bzw. was genau passiert ist habe ich im ersten Moment nicht hinterfragt. Meiner Schwester wurde allerdings schon gesagt, dass ich einen Herzstillstand hatte. Als ich aufgewacht bin, war ich überall angeschlossen, wo man nur anschließen konnte. Da waren Herzfrequenzmesser, Infusionen und viele andere Geräte, die mich überwachten. Die ersten zwei Tage wurde mir nicht gesagt was los ist, sondern nur dass ich Ruhe bewahren und mich nicht aufregen soll. Ich sollte mich erholen und ausschlafen.

Ist es dann eigentlich besser geworden, oder waren der Schmerz und die anderen Beschwerden noch immer da?

Also als ich munter geworden bin, war der Schmerz zwar noch immer da, aber er war auf einmal wieder erträglich. Weil man dazu sagen muss, an dem Tag, an dem ich ins Krankenhaus gekommen bin, war der Schmerz im Brustkorb wirklich schon unerträglich. Der Druck von oben, der Schmerz durch die Atembeschwerden und der pochende Schmerz – alles zusammen war nicht mehr auszuhalten. Später ist mir auch gesagt worden, dass in dem Moment, in dem ich zusammengebrochen bin, klar war, dass es etwas mit dem Herz sein musste. Außerdem wurde mir bei der Einlieferung auch Blut abgenommen und als das ausgewertet wurde, war eine Entzündung klar, also konnte ich demnach behandelt werden.

Und wann wurde Ihnen dann gesagt, was genau sie für eine Krankheit gehabt haben?

Also am 3.-4. Tag, vollgepumpt mit Infusionen, war ich schmerzfrei und habe von der Krankheit überhaupt nichts mehr gespürt. Ich war zwar erschöpft, aber eigentlich habe ich mir gedacht, dass ich morgen heimgehen kann. Belastungsverbot habe ich zwar bekommen, aber ansonsten habe ich mich wie neugeboren gefühlt.

Nachdem ich nach einer Woche aber noch immer nicht heimgeschickt wurde und mir noch immer nichts gesagt worden ist, habe ich gefragt was los sei und wieso ich denn nicht nach Hause dürfe. Die Ärztin schaute mich an und fragte mich, ob mir denn noch keiner erklärt hätte, was los sei. Und die Ärztin hat sich dann Zeit genommen und mir erklärt was eigentlich passiert war. Sie erzählte mir, dass ich an einer Herzmuskelentzündung erkrankt war und dies bis zu einem sehr fortgeschrittenen Stadium, da es sonst soweit gar nicht gekommen wäre. Wo die Ärzte allerdings nie wirklich darauf gekommen sind: Warum es dazu gekommen ist. Sie wussten, dass der grippale Infekt dazu beigetragen hat, aber sie meinten, dass man die psychische Komponente nicht unterschätzen dürfe. Wie auch im Befund steht sagten sie mir, dass sich von laborchemischer Seite her deutlich erhöhte Entzündungsparameter wie auch erhöhte Herzfermente zeigten. Also am Aufnahmetag erreichten die Herzfermente ihr punktuelles Maximum. Nicht zu vergessen ist auch, dass ich des Weiteren einen Pericarderguss hatte. Die endgültige Diagnose lautete dann Perimyokarditis.

Und denken Sie, dass Ihnen alles gründlich erklärt worden ist?

Ja, also ich hatte wirklich gute Ärzte, die mich im Nachhinein wirklich gründlich aufgeklärt haben. Es war dann klar, dass ich mein Herz quasi von Anfang an neu trainieren muss. Man stellt sich das am besten bei Babys vor, die ihren Herzmuskel von Beginn an trainieren und ich musste genauso wieder von vorne anfangen.

Man muss allerdings dazu sagen, es wäre nicht so weit gekommen, wäre es nicht falsch diagnostiziert worden. Die Ärzte erklärten aber auch, das Heimtückische an einer Herzmuskelentzündung ist, dass bei 90% der Fälle irgendwo Schmerzen auftreten, aber nicht direkt am Herzen. Zum Beispiel, dass die Krankheit auf ein anderes Organ verlagert wird – und in meinem Fall war es die Lunge.

In jedem Fall bin ich so lange im Krankenhaus geblieben, bis alle meine Werte wieder im Normalbereich waren. Am 17. Juni 2002 wurde ich dann entlassen, mit der Auflage, dass ich mich noch schonen und meine Tabletten regelmäßig einnehmen soll, damit wirklich alles abgesichert ist.

Was war nach dem 17. Mai? Gingen Sie auf Reha bzw. wie lange hat es gedauert, bis Sie Ihren Körper wieder etwas mehr belasten konnten?

Ja, ich habe dann aufgrund des Zuredens meiner Schwester und Tante eine Reha gemacht und im Nachhinein gesehen war es wirklich das Beste, was man machen kann, da es eine kontrollierte Nachbehandlung ist. Ich wollte natürlich nicht irgendwohin, sondern im Waldviertel bleiben und bin deswegen auch im Herz-Kreislauf-Zentrum in Groß Gerungs untergebracht worden. Zwischen dem Krankenhausaufenthalt und der Reha war ich allerdings zwei Wochen zu Hause und hatte absolutes Belastungsverbot. Um die Zeit herum war gerade eine Hitzewelle und da brauchte ich wirklich nur ein paar Minuten in der Sonne sitzen und habe sofort gemerkt, dass das mein Herz nicht packt. Also alleine die Belastung in der Sonne zu sitzen, war für den Körper bzw. Herzmuskel zu viel.

Was genau haben Sie dann in der Reha gemacht bzw. wie lange hat sie gedauert?

Also die Ärzte hatten von Anfang an gesagt, dass bei der Krankheit auf jeden Fall vier Wochen nötig sind. Die Reha war in vier Abschnitte geteilt. In der ersten Woche bin ich vormittags mit 80-Jährigen eine Runde ums Haus gegangen und habe mich dann schlafen gelegt und nachmittags dasselbe noch einmal. Und das hat sich dann von Tag zu Tag gesteigert: Also am ersten Tag eine Runde und am vierten Tag vielleicht schon 4 Runden ums Haus und so weiter.

In der zweiten Woche war ich in einer Wandergruppe, wo man schon 2-3 km am Tag gegangen ist – aber wirklich im gemäßigten Tempo.

In der dritten Woche ist man dann 5-6 km gewandert und das in einem schnelleren Schritt. In der letzten Woche war ich in der sozusagen besten Gruppe. Ich bin pro Tag locker 5-6 Stunden gewandert. Das war meistens nachmittags und vormittags war zwei Mal pro Woche eine ärztliche Untersuchung. Was man auch nicht unterschätzen darf ist, dass ich meine Ernährung umgestellt habe. Ich habe quasi begleitend zur Therapie auch etwas gegen mein leichtes Übergewicht getan. Es wurde mir eine eigene Ernährungswissenschaftlerin beigestellt, die mir beim Umstellen geholfen hat. Somit konnte der Körper auch noch zusätzliche Energie aus der gesunden Ernährung ziehen.

Am 7. August war dann die abschließende Untersuchung im Krankenhaus Gmünd und da wurde ich dann für normale Belastungen freigegeben. Ich sollte zwar keinen Marathon laufen, aber grundsätzlich Sport war in Ordnung.

Ich habe mit Fußball angefangen und dabei genau gemerkt, wann es zu viel war. Ich hatte dann immer ein Warnzeichen von meinem Herz bekommen. Nicht im Sinne von, die Schmerzen kommen zurück, sondern es hatte sich eher so angefühlt, als würde man über eine Narbe fahren, und das ist mir sehr lange geblieben. Das ist sozusagen der Abschluss. Ich hatte ein Jahr später nochmal eine Kontrolluntersuchung, aber da hatte man eigentlich nie wieder etwas festgestellt.

Herr Uitz ich bedanke mich herzlichst bei Ihnen, dass Sie mir Ihre Krankengeschichte so ausführlich erzählt haben. Sie waren mir eine große Hilfe für das Schreiben meiner vorwissenschaftlichen Arbeit und ich hoffe sie werden einen Teil meiner abgeschlossenen Arbeit lesen.

„Denn es ist besser, mit eigenen Augen zu sehen, als mit fremden." - Martin Luther

Damit ich eine klarere Vorstellung vom Herzen bekomme und nicht nur darüber schreibe, habe ich mit meiner Klasse ein Schweineherz seziert. Wir haben uns die Vorhöfe und Kammern, Herzscheidewand, Aorta, Herzkranzgefäße sowie die obere und untere Hohlvene angesehen, als auch Blutgefäße mit dem Mikroskop näher betrachtet. Es war sehr lehrreich und interessant, alles mit den eigenen Augen gesehen zu haben. Anbei finden Sie einige selbstgemachte Fotos, die Ihnen Einblicke in unsere „Sezierstunde" geben.

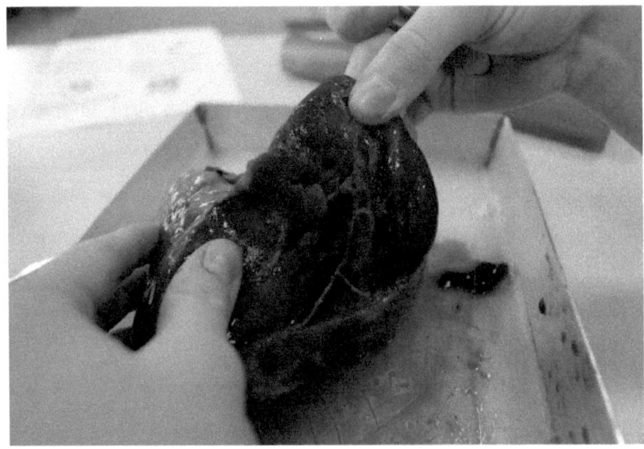

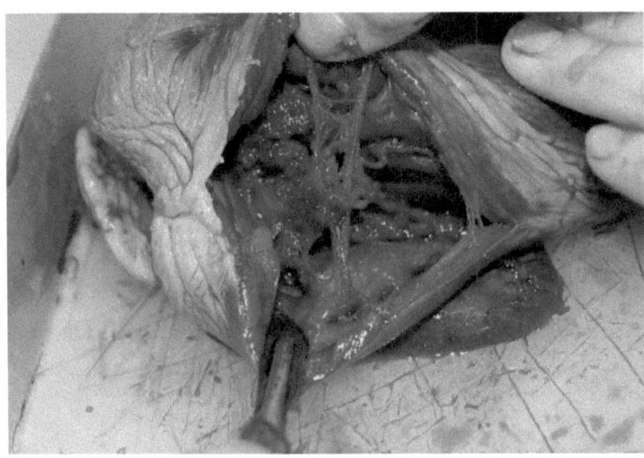